スーパーパワーを手に入れた生きものたち ②

スーパーパワー全開！
Superpowers of Nature

ジョルジュ・フェテルマン／文　大西 昧／訳

はじめに

　スーパーヒーローのような力が発揮されるのは、映画の中だけではありません。この地球には、個性あふれるスーパーパワーをもつ生きものたちがいます。

　空を飛べるリス、水の上を走るトカゲ、お尻で呼吸するカメなど、わたしたちの想像をはるかに超えた生きものがたくさんいます。どうやってそのスーパーパワーをもつようになったのでしょうか？　生きものがもつDNAは、親から子へ受けつがれ遺伝します。DNAのほんのわずかな変化によって、生きものは姿や能力が変わり、その変化が親から子へと遺伝することがあります。種が環境に適応できる変化であれば、受けついだものは生きのび、そうでないものは絶滅の可能性があります。これを「自然選択」といいます。スーパーパワーとは、自然選択の過程で、環境にもっとも適応したものが生きのびた結果（適者生存）なのです。

　この本には、鋭い探知能力を発揮したり、えものや捕食者の能力をしのぐスーパーパワー全開のものたちが登場します。最強といっても、いつも戦いに勝利しているわけではありません。生きものはみな、生態系という大きな輪の中で、それぞれの役割をはたし生きています。この地球に生きているすべてのものたちがいてこそ、いまのすばらしい世界ができているのです。

　さて、この本を書いたのは、学名がホモ・サピエンス、つまりヒトです。ヒトは、ほかの生きものにはない頭脳の発達で、どんな生きものよりも高く遠く空を飛行でき、どんな生きものよりも地上を速く移動でき、そして、深い深い海の底までものぞくことができます。これからのわたしたちにとって、もっとも重要な課題は、ほかの種を助け、ともに生きる方法を見つけ歩むことです。

デニス・オディ（海洋学者、WWF フランス）

もくじ

- はじめに ……………………………… 2

スーパー"感知"パワー
- 電気ショックと発電サーチ ………………… 4
- 夜でも見える目 …………………………… 6
- くちばしで電気を感知 …………………… 8
- 全方位が見える8つの目 ………………… 10
- 9つの"脳"がある!? ……………………… 12
- 高性能な超音波探知 ……………………… 14
- 季節感知の達人 …………………………… 16

スーパー"食べられないぞ"パワー
- パーフェクトなカモフラージュ ………… 18
- 魔法のように体の色が変わる …………… 20
- 猛毒のハチに変装する …………………… 22
- 巨大な群れの力で身を守る ……………… 24
- 羽にトリックアート ……………………… 26
- ウロコの鎧で完全防御 …………………… 28
- 危険！とひと目でわからせる …………… 30
- 恐怖の仮面で威嚇 ………………………… 32

スーパー"移動"パワー
- 地球最速の急降下 ………………………… 34
- もふもふ滑空隊 …………………………… 36
- 陸上最速のスプリンター ………………… 38
- 超スローで生きのびる …………………… 40
- 長期間無着陸飛行 ………………………… 42
- 奇跡の水面走り …………………………… 44
- 後ろ方向にも飛べる！ …………………… 46
- 天井にはりつき、歩きまわる …………… 48
- ジェット推進で超加速 …………………… 50

スーパー"適応"パワー
- 毒のある生きものと共生 ………………… 52
- 冬の南極で子育てする …………………… 54
- 尾も心臓も再生 …………………………… 56
- 超省エネ心拍数で冬眠 …………………… 58
- 不死身伝説!? ……………………………… 60
- 水のない砂漠を長距離移動 ……………… 62
- 目玉が体の片側に移動 …………………… 64
- 凍ってもよみがえる ……………………… 66
- お尻でも呼吸できる ……………………… 68

スーパー"繁殖"パワー
- ほかの鳥の巣に卵を産む ………………… 70
- アートで愛を伝える ……………………… 72
- 求愛イルミネーション …………………… 74
- 安心な場所に帰り子孫を残す …………… 76
- 求愛のチャンスは力で勝ちとる ………… 78

スーパー"栄養摂取"パワー
- 超速くちばしハンマー …………………… 80
- イナズマ水中ダイブ ……………………… 82
- 集団で「漁」をする ……………………… 84
- 一発必中の水鉄砲！ ……………………… 86
- 肉より骨！ ………………………………… 88
- かわいい道具使い ………………………… 90
- 光る疑似餌でつり ………………………… 92

- 生きものさくいん ………………………… 94
- 訳者あとがき ……………………………… 95

★スーパー"感知"パワー

スーパー"感知"パワー

なんでもくらべるのは、わたしたち人間の特性だ。生きものとも、能力をくらべてしまう。

人間が目や耳などでものを感知する能力は、ほかの生きものとくらべても、いい線いっているだろうと思いがちだ。だが、生きものたちのもつスーパーパワーを知れば、すぐに自分たちの立場を思い知ることになるだろう。

わたしたちの目では感知できない光を感知できる生きものがいる。人間の嗅覚がどの程度かを知ったら、ヘビは笑うだろう。人間には超音波が聞こえないと知ったら、コウモリはびっくりするだろう。魚には「側線」という感覚器があって、水中の振動を感じとることができるけれど、人間は水中の振動を感知できない。わたしたちは、少し謙虚になって、生きものたちのおどろきの感知能力を見ていくことにしよう。

 スーパーパワー

電気ショックと発電サーチ

デンキウナギ

ステータス
学名：*Electrophorus electricus*
属：デンキウナギ属（魚類）
体長：約2.5メートル
体重：約20キログラム
生息地：南アメリカ

トピックス
600ボルトの電気ショックをあびせることができる！

電気をつくりだして、えものや外敵を動けなくしたり、まわりのようすを探査したりできるようになった魚（電気魚）がいます。デンキウナギも電気魚です。

電気魚のなかまには、強い電流をつくりだして、近づいてきたえものや捕食者などに電気ショックをあびせ、気絶させたり撃退したりするものがいます。電気を通しやすい海水にすむセイヨウシビレエイは200ボルト、電気を通しにくい淡水にすむデンキウナギは600ボルトもの電気ショックをあびせることができます。

電気の使い方はそれだけではありません。かすかな電流を流して、まわりのようすを探り、近づいてくるものを見つけたり、コミュニケーションをとったりすることもできます。電気魚は、両方の能力にすぐれた、電気使いの達人です。

デンキウナギは名前に「ウナギ」とありますが、ウナギのように海と川の回遊生活はしません。体の形が似ているだけで、ウナギとデンキウナギは、まったくちがう魚です。

5

★ スーパー"感知"パワー

💪 スーパーパワー

夜でも見える目

メガネザル

💡 ステータス

科：メガネザル科（ほ乳類）
体長：約15センチメートル
体重：約100グラム
生息地：東南アジアの島々

👍 トピックス

耳は左右べつべつに動き、人には聞こえない音を聞きとる。

メガネザルは、目が非常に大きいのが特徴です。人間の手のひらにおさまってしまうほど体が小さいのに、目の直径は約1.5センチメートルもあります。頭蓋骨からはみだすほど目が大きいため、目玉（眼球）を動かせませんが、かわりに首を回してまわりを見ることができます。なんと、左右両側に180°回せるので、ほぼ360°、どこでも見られるのです。

目玉が大きくなったのは、メガネザルが夜行性で、真っ暗な夜の森の中で、わずかな光をできるだけ集め、昆虫やクモ、カエルなどを見つけるためです。メガネザルは、森の木の上でくらしているので、後ろ足が、枝から枝へととびうつるのに向いたつくりになっています。強くて、バネのような特殊な筋肉がついていて、数メートルも一気にジャンプできるのです。指も長くて木登りもとくいです。

メガネザルをねらう捕食者はたくさんいますが、それ以上に最大の脅威は人間です。メガネザルは、東南アジアのマレーシア、インドネシア、フィリピンでは、人間による森林伐採のせいで絶滅寸前なのです。

★ スーパー"感知"パワー

スーパーパワー くちばしで電気を感知

カモノハシ

ステータス
学名：*Ornithorhynchus anatinus*
目：単孔目　科：カモノハシ科（ほ乳類）
全長（尾をふくむ）：約40～60センチメートル　生息地：オーストラリア

トピックス
約1億年前から生きのこってきた「生きた化石」だ。

カモノハシは、オーストラリアの東側とタスマニア島の川や沼などの淡水にくらしています。水中で目をつぶったまま、川底の泥の中からエサを探しだすことができます。

カモノハシという名前は、口がカモのくちばしのような形をしていることからつきましたが、鳥類のくちばしとはちがいます。皮膚が変化してできたもので、表面には、無数の穴があります。その穴のひとつひとつに、生きものによって起きるわずかな電流を感知する「電気受容器」があり、その数は約20万個にもなります。

カモノハシには、ビーバー（ほ乳類）のような尾があり、毛皮が体をおおっています。でも、トカゲ（は虫類）のような卵を産みます。そして、母乳で子育てをします。足の指にはカモ（鳥類）のような水かき、指の先には土をほるモグラのような爪があります。オスの後ろ足には、毒を打ちこむ「けづめ」もあります。ほ乳類なのに、は虫類や鳥類の特性も合わせもっているカモノハシは、「単孔目」という原始的なほ乳類です。カモノハシという種が、約1億年も生きのこってきたのは、電気を感知するスーパーパワーを手に入れたことと、競争相手の少ない、水辺のくらしに適応したことが大きいと考えられています。

全方位が見える8つの目

ハエトリグモ

ステータス

科：ハエトリグモ科（節足動物）
生息地：極地、高山をのぞくほぼ全世界
種の数：5000種以上

トピックス

射程範囲に入ったえものを、弾丸ジャンプで飛びかかってしとめる。

ハエトリグモの目は、ハエやトンボのような複眼ではなく、人間の目のつくりに似たレンズ型ですが、2つではなく、まるでSF映画のキャラクターのように、前に横に後ろに、なんと8つあります！

レンズ型の目は、見るものにぴたりと焦点を合わせることで、その距離を正確につかむことができます。人間の目とちがうのは、レンズの厚さを調整してひとつの網膜に焦点を合わせるのではなく、網膜がいくつもの層になっていて、相手との距離がつかめるようになっていることです。

横にも後ろにも8つもある目で、ハエトリグモが何をどう見ているのか、一度にいくつの映像を見ているのかなど、はっきりとわかっていないこともあります。けれども、このスーパーパワーと、もちまえの驚異的なジャンプ力のおかげで、網のようなクモの巣をつくらなくても、直接えものに飛びかかってつかまえることができているのはまちがいありません。

★スーパー"感知"パワー

12

スーパーパワー

9つの"脳"がある!?

マダコ

ステータス

科：マダコ科（軟体動物）
胴の長さ：約25センチメートル
腕の長さ：約1メートル
体重：約8キログラム

トピックス

ビンのふたをあけることができる！

タコは、クラゲなどと同じ無脊椎動物ですが、おどろくほど知能が高い生きものです。人間と同じように過去のできごとを記憶したり、ほかのタコの行動を見て学習することができます。

情報を処理したり指令を出したりする神経系の基本の組織を、ニューロンといいます。タコにはニューロンが、なんと5億個以上あります。これは小さな脊椎動物よりも多い数です。人間はニューロンが脳に集中していますが、タコはニューロンの80パーセントが8本の足の中にあります。たとえば、ある足がえものを見つけてつかまえるときには、ほかの足はまわりの探索をし、べつのえものを探すといった具合に、いま、すべきことをそれぞれの"脳"で考えて動いているようなのです。まるで、一本一本の足が小さな脳をもち、独自に自立した「心」があるように動くことができるのです。

頭のように大きくふくらんで見える袋は、じつは内臓が入っている胴体です。脳や目や口がある頭は、胴と足の間にあります。つまり、タコの足は口のまわりを囲むようについているので、頭から生えているように見えます。このような生きものを「頭足類」といい、ほかにイカやオウムガイなどがいます。

13

★ スーパー"感知"パワー

🦾 スーパーパワー　高性能な超音波探知

キクガシラコウモリ

💡 **ステータス**
属：キクガシラコウモリ属（ほ乳類）　体長：約6〜8センチメートル
翼開長（羽を広げた長さ）：約30〜40センチメートル
生息地：アジア、アフリカ、ヨーロッパの洞窟。トンネルや古い建物など人間がつくったものをかくれ家にすることもある

👍 **トピックス**　巨大な耳は、反射してきた超音波をキャッチしやすい形になっている。

コウモリはほ乳類ですが、鳥のように空を自由に飛びます。でも、コウモリが音もなく飛びまわるのは夜です。何も見えない闇の中です。

なぜ、暗い夜に壁や木の枝などにぶつからず、目には見えない飛ぶ虫をつかまえられるのでしょう。多くのコウモリは声帯をふるわせ、口や鼻から超音波を発することができます。超音波は、ものにぶつかるとはねかえってきます。その音をレーダーのアンテナのような大きな耳で聞きわけ、どんな形のものがどこにあるのか、目が見えなくてもわかるのです。これをエコーロケーションといいます。キクガシラコウモリは、鼻から超音波を出すコウモリです。たくさんのひだがついている独特の形をした鼻のおかげで、超音波を正確に発射することができます。キクガシラコウモリのなかまは現在100種以上います。

コウモリがくらす、自然の洞窟や使われていない建造物などは、いま観光開発や都市開発などのせいで、どんどんへっています。過去には、コウモリがへったせいで、昆虫が増加して農作物に被害が出るようになったり、コウモリに花粉を運んでもらう植物の受粉などに影響が出たりしたこともあります。コウモリにかぎらず、どんな生きものでも、種が消えることは、生態系全体に影響をあたえるのです。

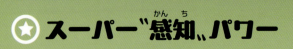
スーパー感知パワー

季節感知の達人

オコジョ

学名：*Mustela erminea*
科：イタチ科（ほ乳類）
体長：約16～30センチメートル
生息地：北アメリカ、ヨーロッパ、アジアの、冬に積雪がある地域

毛の色を夏と冬で変える。

冬、あたりが雪におおわれると、オコジョの姿はまるで消えてしまったかのように見つけられなくなります！

雪がふるころになると、秋までの茶色っぽい毛が、尾の先の黒色の部分だけを残して、真っ白な毛に生えかわるのです。これは、毛の色を変えて景色にとけこむカモフラージュというワザです。すぐれた感知や探査の能力を冬の間もじゅうぶんに生かして、ネズミなどのエサをつかまえるためです。また、オコジョ自身も、ワシミミズクやイヌワシなどからねらわれますが、真っ白な雪と同じ色の毛皮なら、捕食者に見つかりにくくなります。春がきてあたたかくなり、雪がとけると、背中や足の白い毛が茶色の毛に変わります。

オコジョのなかまは、英語でアーミンとよばれますが、アーミンはとくに冬の白い毛をしているオコジョをさしています。尾の先だけが黒くてアクセントになっているアーミンの真っ白な毛皮を、ヨーロッパの王や女王がマントの飾りにするために、アーミンはたくさん狩られてきました。

そして、人間はいまだにアーミンを狩っています。その姿が見られなくなった地域もあります。地球の温暖化も脅威です。雪がなくなったら、オコジョの季節ごとのカモフラージュはどうなるのでしょう？

★スーパー"食べられないぞ"パワー

スーパー"食べられないぞ"パワー

戦いをさけ、できるだけエネルギーを使わず身を守るため、おどろくような色や姿に進化した生きものがいる。

地球上のすべての生きものは、DNAという、いわば生命の設計図のようなひも状の分子をもっている。それぞれの生きものが固有の姿や形になるのは、親から子へとDNAが受けつがれていくからだ。遺伝子とはDNAの一部で、メスとオスから半分ずつ受けつがれて多様に組み合わさったり、受けつがれていく間に変異したりして、長い時間の中で、生きものの姿や形は進化をつづける。葉っぱにしか見えない姿になった昆虫、擬態して捕食者を追い払う幼虫やチョウ、体の毛がウロコの鎧になったほ乳類。思わずうなってしまうような、スーパー"食べられないぞ"パワーをもつ生きものたちを見ていこう。

スーパーパワー

パーフェクトなカモフラージュ

コノハムシ

ステータス
目：ナナフシ目　科：コノハムシ科（昆虫）
種の数：約20種　生息地：世界の温帯と熱帯

トピックス
身を守るために植物にそっくりな姿をしている。

木の葉や木の枝などになりすまして、身を守る生きものたちがいます。コノハムシは、葉っぱにしか見えません！

コノハムシの羽は、色や形が葉っぱそっくりで、「葉脈」という細かい網目もようまでついているのです。なかには、虫にかじられてふちが茶色くなった部分まで再現しているものもいます。コノハムシのなかまであるナナフシは、まわりの木の枝にそっくりな昆虫です。なぜこのような進化をとげたのでしょう。

コノハムシやナナフシは、毒などをもっていませんが、そもそも捕食者に見つからなければ、襲われることはないのです。そこで、まわりの植物の一部にしか見えない姿へと進化しました。さらに、植物の上で動くものは捕食者に見つかりやすいため、ものすごくゆっくり動き、エサだと見破られないようにしています。

コノハムシのなかまには、捕食者が近くにくると、ひらひらと葉っぱが舞い落ちるように、のがれるものもいます。ナナフシは、枝が風にゆれるようすまでそっくりにまねることができます。それだけではありません。植物の種にそっくりな卵を産み、種にまぎれさせて卵が食べられる危険をへらしている種もいるのです！コノハムシのなかまは、カモフラージュをきわめて生きぬいてきたのです。

19

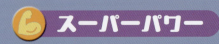 スーパーパワー

魔法のように体の色が変わる

カメレオン

 ステータス

科：カメレオン科（は虫類）
種の数：約200種
体長：約1.5～70センチメートル
生息地：おもにアフリカ

 トピックス

体長の2倍もある長い舌を使い、目にもとまらぬ速さでえものをとらえる。

カメレオンは、おもしろいようにコロコロと体の色を変えることができるスーパーパワーをもっています！

カメレオンの皮膚には、赤や黄色といった色の細胞のほかに、光を反射して色をつくる結晶をふくんだ特殊な組織があることが発見されました。これらの細胞や組織が組み合わさり、一瞬で体がさまざまな色に変化するのです。

カメレオンは、樹上で捕食者から身を守るため、体の色を変え、カモフラージュします。しかし、それだけではありません。怒っている、といった気分の変化や、パートナーに求愛行動をするとき、なわばりを主張するときにも、体の色が変わります。カメレオンは、体の色を変えることでコミュニケーションをとっていると考えられています。また、変温動物なので、体の色の明るさを変え、日光の反射と吸収を調節することで、体温を調整しています。

★ スーパー食(た)べられないぞパワー

22

スーパーパワー

猛毒のハチに変装する

ハナアブ

ステータス

目：ハエ目　科：ハナアブ科（昆虫）
生息地：ほぼ世界中の花の咲く場所

トピックス

ハチのように見えるが、ハチのなかまではない。

ハナアブは、スズメバチなどの強烈な毒針をもつハチに変装する、というトリックで身を守っています。この姿なら、近よってくるものはほとんどいません。名案です！

スズメバチはハチのなかまで羽が4枚ですが、ハナアブはハエのなかまなので羽が2枚しかありません。よく見ると、形もちがいます。でも、このくらいのちがいは大したことではありません。体の色やもようがスズメバチに似ていれば、カマキリやクモ、鳥などの捕食者や人間などが「スズメバチだ！」と警戒します。天敵が近づいてさえこなければ、毒も針ももっていなくてもハナアブは身を守れるのです。

身を守るために、まわりの葉っぱなどではなく、危険な生きものの警告色をまねることを「ベイツ型擬態」といいます。このトリックを発見した、イギリスの科学者ヘンリー・ベイツにちなんでつけられた名前です。ベイツ型擬態は、サンゴヘビや、ハエ、甲虫など、自然界ではよく見られます。

23

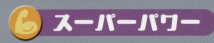
スーパーパワー

巨大な群れの力で身を守る

ホシムクドリ

ステータス

学名：*Sturnus vulgaris*
科：ムクドリ科（鳥類）
体長：約21センチメートル
翼開長（羽を広げた長さ）：約35センチメートル

トピックス

鳴きまねがじょうずで、アマガエルの鳴き声もまねできる。

ムクドリのスーパーパワーは、リーダーもいないのに、数千羽～数万羽という群れで、巨大なひとつの生きものになったような集団行動をすることです。

ヨーロッパやアジア西部にすむホシムクドリは、日本で見られるムクドリのなかまよりもひとまわり小さくて、細く長くとがったくちばし、短い尾、体には黒地に星形のもようがあるのが特徴です。

夕方になるとムクドリは、やぶや木立のねぐらにいっせいに集まってきます。一羽一羽の力は弱くても、集団になることで個体に危険がおよばないようにしているのです。まるで、巨大なひとつの影がつぎつぎと方向や形を変えるように飛ぶムクドリの群れには、ハヤブサやタカなどの捕食者もなかなか手を出せないでしょう。

けれども、数千羽、多いときは数万羽という大群になると、その鳴き声はもはや騒音です。そして、フンも大量です。巨大な集団でおりてきて、果実や農作物を食べはじめたら大変です。農家の人たちは対策に頭を悩ませています。

★ スーパー"食べられないぞ"パワー

羽にトリックアート

クジャクチョウ

ステータス
学名：*Aglais io*
科：タテハチョウ科（昆虫）
翼開長（羽を広げた長さ）：約5～6センチメートル
生息地：ヨーロッパ全域、東アジア、日本の北部に広く分布

トピックス
幼虫はイラクサを食べ、イラクサのトゲで身を守る。

クジャクチョウの羽には、とびきり美しい目玉のようなもようが4つあります。

このもようは、クジャクの飾り羽の目玉もように似ています。クジャクの目玉もようは、オスがメスに求愛するためにあるので、オスにしかありません。クジャクチョウは、メスにも目玉もようがあります。目的はなんでしょうか？

クジャクチョウは、木の枝などにとまって休むとき、羽を立てて閉じます。羽の裏側は、表側とは正反対の地味な茶色や黒色で、樹皮や枯れ葉などに似せたもようが入っています。そのため、とても見つかりにくく、カモフラージュになっているのです。

チョウにとっての捕食者はたいてい鳥です。危険が近づくと、クジャクチョウは閉じていた羽をいきなり広げ、「目玉」を出現させて威嚇し身を守ります。腹ぺこのコマドリやウグイスなどはそれでもひるまず襲ってきますが、羽の目玉もようをまちがってつついてしまい、しとめそこなうのです。たとえ羽が傷ついても、生きのびることができたメスは、イラクサの葉に卵を産みのこすことができます。クジャクチョウのように羽に目玉もようをつけたチョウやガは、クジャクヤママユなどほかにもいます。

27

スーパーパワー

ウロコの鎧で完全防御

センザンコウ

ステータス
科：センザンコウ科（ほ乳類）
体長：約30～90センチメートル
生息地：アフリカ、アジアの赤道熱帯域

トピックス
ウロコで全身を守っているほ乳類は、センザンコウだけだ。

センザンコウは、体も尾も鎧のようなウロコでびっしりとおおわれています。ねらってきた捕食者の歯やくちばし、鋭い爪でもつらぬけません。

センザンコウは、夜行性でおとなしい性格です。おもな食べものは、シロアリやアリで、力強い前足でアリの巣をほりかえし、ネバネバした長い舌でアリをなめとって食べます。攻撃されると、ウロコを引き締めて丸くなり身を守ります。このウロコはケラチン質で爪や体毛と同じ成分ですが、は虫類のヘビのウロコにくらべると、ずっとかたく、がんじょうです。また、ウロコは茶色から黒っぽい色で、まわりの環境にとけこむ保護色になっています。

けれども、そのウロコをねらってくるものがいます。センザンコウにとってもっとも危険な天敵は人間です。ウロコが漢方薬の原料として高く売れるからです。センザンコウの肉をめずらしがって食べる人もいます。センザンコウは、ほとんどの国で保護されていますが、世界でもっとも密売されている野生のほ乳類といわれています。センザンコウのなかまは8種いますが、そのうちの2種は絶滅の危機に直面しています。

★ スーパー"食べられないぞ"パワー

★ スーパー"食べられないぞ"パワー

💪 スーパーパワー　危険！とひと目でわからせる

イチゴヤドクガエル

💡 ステータス　学名：*Oophaga pumilio*　科：ヤドクガエル科（両生類）
体長：約1.7〜2.4センチメートル
生息地：中央アメリカの湿潤な熱帯雨林

👍 トピックス　毒をもつアリやダニを食べて体に毒をたくわえる。

　わざと目立つ色になることで、捕食者から身を守っている生きものたちがいます。姿をかくすカモフラージュとはまったく逆の作戦です。

　イチゴヤドクガエルは、赤や青、オレンジといったとても目立つ色をしています。目立てばすぐに食べられてしまいそうですが、どうしてこんな色に進化したのでしょう？

　カエルをエサにしている捕食者も、この派手な色のカエルを襲うことはまずありません。この色は、「気をつけなさい。食べたらひどいことになりますよ」という警告だとわかっています。こんな色をしているのは、イチゴヤドクガエルだけではありません。猛毒をもつほかのカエルの中には、なぜか同じような色をしているものがいます。猛毒をもつものが同じ色やもようをしていれば、このような色は危険だと、捕食者により強くアピールすることができるのだろうと科学者たちは考えています。

　毒やほかの防御手段をもつ生きものどうしが、種を超えて、同じような警告色をもつことを、「ミュラー型擬態」といいます。ドイツの動物学者、フランツ・ミュラーにちなんでつけられました。チョウのなかまのオオカバマダラや、菌類のベニテングタケなどもミュラー型擬態をしています。

31

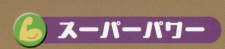 スーパーパワー **恐怖の仮面で威嚇**

モクメシャチホコの幼虫

- ステータス　科：シャチホコ科（昆虫）
生息地：アジア、ヨーロッパ。とくにヤナギやポプラの生える場所
- トピックス　襲われると、ギ酸のような液体を噴射し、相手に痛みや不快感をあたえる。

モクメシャチホコというガの幼虫は、身を守るために、実際の顔の何倍もある大きな「顔」を出現させます。この顔は、たいていの捕食者にきき目があります。

モクメシャチホコの幼虫は、捕食者が近づくと頭を胴体にめりこませます。すると、黒い目と、派手なピンク色の輪郭をした大きな顔があらわれます。実際よりも大きな生きものだと思わせて、威嚇するのです。敵が10センチメートル以内に入ってこようものなら、真っ赤な2本の長い尾を出し、ムチのようにはげしくふりまわして威嚇し、尾の先（尾角）からギ酸の成分をふくんだ液体を捕食者に向けて噴射します。

栄養が豊富な幼虫は、身を守る力が弱いため捕食者によくねらわれます。ですが、にげるよりも成長することが最優先なので、食事がつづけられるよう、カモフラージュや擬態、警告色といった方法で身を守ります。

モクメシャチホコの幼虫は、森林の湿気が多い水辺などにすみ、ヤナギやポプラの葉を食べて成長します。さなぎになり、羽化して成虫になると、羽に白と黒の木目のようなもようのあるガになります。

33

⭐ スーパー"移動"パワー

スーパー"移動"パワー

「動く生き物」と書くのだから、「動物」は自由に場所を移動できるはず！ と思ってしまうが、じつはそうでないものもいる。海にくらす動物の中には、ひとつの場所に固定され、まったく移動できないものもいる。それとは正反対に、移動する力をきわめた動物たちもいる。空でも陸でも水中でも、えものをつかまえるために、反対に捕食者からにげるために、移動スピードが驚異的に進化したものたちもいる。だが、移動のスーパーパワーは、スピードだけではない。走れるはずのない水面を走ったり、垂直な壁や天井を移動したりと、おどろくべき移動をする生きものたちがいる。これから、さまざまなスーパー移動パワーを見ていこう。

34

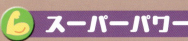 スーパーパワー

地球最速の急降下

ハヤブサ

ステータス

学名：*Falco peregrinus*
科：ハヤブサ科（鳥類）
翼開長（羽を広げた長さ）：約74〜120センチメートル

トピックス

20世紀半ば、農薬が体にたまって絶滅しかけたが、現在はふえてきている。

ハヤブサは、時速約320キロメートルものスピードで、えもの目がけて急降下します。世界最速の鳥、いいえ、地球最速の生きものです。

ハヤブサは地上にいるえものよりも、飛んでいる鳥を好んで狩ります。8キロメートル先まで見通せる目で、ムクドリやハトなどの群れを見つけたら空高く舞い上がります。群れからおくれているものなど、しとめやすそうなえものを選ぶと、翼を体の内側に引きよせ、体を一直線にしてつっこんでいきます。地球最速の突撃からにげられるものはいません。ハヤブサは、一瞬でえものの背後にせまると、翼と足で急ブレーキをかけて向きを変え、えものをけり落とすかわしづかみにし、手ごろな岩の上などに運んで食べます。

ハヤブサは、内陸でも海岸でも、たいてい岩の多い崖でくらしています。現在では、町や都市にもすんでいて、教会の塔や高層ビルなどに巣をつくるようになっています。高い場所は、えものを探すのに都合がいいのです。

35

スーパーパワー
もふもふ滑空隊

アメリカモモンガ

ステータス

学名：*Glaucomys volans*
科：リス科（ほ乳類）
体長：約20〜25センチメートル
体重：約120〜200グラム
生息地：北アメリカ

トピックス

夜の森を飛びまわるため、ほかのリスより目がくりくりしている。

夜の森を木から木へと頭上を飛ぶ小さな影があります。あれはリスのなかまだよ、といわれたら、おどろくかもしれません。モモンガは空を飛べるのです。

モモンガは、もっと大きいグループでいうと、ネズミと同じなかま（げっ歯類）です。リスもネズミも空を飛べませんが、モモンガは、前足と後ろ足の間にうすい皮の膜（飛膜）をもつようになり、足を広げて飛膜をはると、ジャンプだけではとどかないような遠くの木まで、滑空して移動できるのです。

ほとんどのモモンガは、夜行性で雑食です。夜になると、このもふもふのげっ歯類は、木のてっぺんに向かいながら木の実や種、虫などを見つけては食べ、てっぺんまでくると、次の木へと飛膜を広げて飛びうつります。鳥のようにはばたくことはできないので、下降するだけですが、大きさが人間の手のひらほどのモモンガが、数十メートルも滑空するのはまさしくスーパーパワーです。着陸のときは飛膜をパラシュートのようにして空気抵抗をふやし、速度を落とします。このみごとな飛行技術は、スカイダイビングのウイングスーツの発明のきっかけになりました。

スーパーパワー 陸上最速のスプリンター

チーター

ステータス
学名：*Acinonyx jubatus*
科：ネコ科（ほ乳類）　体長：約110～150センチメートル
生息地：アフリカのサバンナ

トピックス
走りだして、わずか3秒で時速100キロメートルに達する。

スーパー"移動"パワー

チーターのスーパーパワーは、時速110キロメートルものスピードで狩りをすることです。

ただし、このスピードで走れるのはわずか300メートルほど。チーターは、その間にえものをしとめます。ガゼルやスプリングボック、若くて体がまだ小さいヌーなどを、鋭い視力で見つけると、体の斑点もようをカモフラージュに、できるだけ近くまでしのびよっていきます。そして、射程距離まで近づくと、弾丸のように飛びだして一瞬でトップスピードまで加速します。えものが急に方向を変えると、チーターも急旋回。まるで予測していたかのように、みるみるえものにせまっていきます。チーターのねらいは、ころばすことです。高速でにげる生きものがころぶと、一瞬動けなくなるこ

とを知っているのです。

チーターの体には黒い斑点もようがあり、小さな顔には涙の跡のような黒い筋もようがあります。長い足、バランスをとるための長い尾、スパイクのような働きをする爪ももっているので、スピードや加速だけでなく、急旋回も急ブレーキもお手のものです。チーターは、地上最速のハンターなのです。

しかし、いまチーターは、深刻な絶滅の危機に直面しています。生息地がへっているうえに、アフリカの自然保護区やサファリツアーで、観光客の車両が、チーターの繊細な狩りをさまたげているとの報告もあります。

★スーパー移動パワー

 スーパーパワー

超スローで生きのびる

ナマケモノ

 ステータス

目：有毛目ナマケモノ亜目（ほ乳類）
体長：約60〜85センチメートル
体重：約4〜8キログラム
生息地：南アメリカと中央アメリカの熱帯雨林
食性：おもに草食

 トピックス

強力な爪を使い、まる1週間、木に逆さまにぶらさがっていられる。

速く動けるように進化した生きものがたくさんいますが、ナマケモノのなかまは、その正反対、できるかぎり動かないでくらせるように進化しました！

ナマケモノが超スローで動くのには、ちゃんと理由があります。むだにエネルギーを使うことをとことんさけるためです。超スローに動けることがスーパーパワーなのです。

ナマケモノのなかまは、特殊なかぎ爪で、木の枝に逆さまにぶらさがったまま、おもに葉っぱを食べてくらしています。食べるのもゆっくり、消化もとてもゆっくりです。消化のあとのうんちもスローなのです！　うんちをするのは、一週間に一度くらい。なぜか、樹上よりずっと危険な地上におりてきてうんちをしますが、地上では生きているようには見えないほど、動きがさらにスローになります。そのうえ、藻類や虫をすまわせて、まるで小さな森のようになっているナマケモノはかんたんには見つかりません。

ナマケモノには、首の骨の数が7つよりも多い種がいます。ほ乳類としてきわめて例外的なこの進化のおかげで、体の動きは超スローでも、頭だけを動かせば上も下も後ろも見ることができるのです。

41

スーパーパワー

長期間無着陸飛行

ヨーロッパアマツバメ

ステータス

学名：*Apus apus*
目：アマツバメ目　科：アマツバメ科（鳥類）
翼開長（羽を広げた長さ）：約45センチメートル
食性：飛んでいる昆虫を空中で捕食する
生息地：夏はヨーロッパで繁殖し、冬はアフリカ南部に渡りをする

トピックス

時速100キロメートル以上の高速飛行ができる。

アマツバメは最長で10か月間、着陸せずに飛びつづけることができます。飛びながら、昆虫をつかまえて食べ、飛びながら眠り、交尾まで空中ですることがあります。

アマツバメは、名前に「ツバメ」とありますが、ツバメ（スズメ目ツバメ科）とはべつの鳥のなかまです。それなのに姿は似ています。空を飛ぶくらしに適応した結果、ツバメと同じようにすぐれた飛行能力を身につけ、同じような体つきに進化しました。このような進化を「収斂進化」といいます。

アマツバメは、ずっと飛びつづけているために、平らな場所からは飛び立てなくなるほど、翼が長く、足が小さくなっています。足を使うのは、崖に巣をつくり、卵を産み、子育てをするときです。ヒナは8月ごろに巣立ち、繁殖のためにもどってくるまで、空を飛びつづけてくらします。

アマツバメは、渡り鳥です。夏はヨーロッパで繁殖し、エサの昆虫が少なくなる秋から冬にかけてアフリカの南部に渡ります。アフリカで空中生活をし、ヨーロッパに次の夏が近づくと、暴風雨や寒波などがないかぎり、まったく同じ日にもどってきます。

| スーパーパワー | 奇跡の水面走り |

グリーンバシリスク（キリストトカゲ）

ステータス
学名：*Basiliscus plumifrons*
科：イグアナ科（は虫類）※バシリスク科とすることもある
全長（尾をふくむ）：約80センチメートル　体重：約200グラム
生息地：ホンジュラス、ニカラグア、コスタリカ、パナマの熱帯雨林

トピックス
生まれたばかりでも水面を走ることができる！

★ スーパー"移動"パワー

　熱帯の水辺の木の上でくらすグリーンバシリスクは、ヘビやフクロウなどの捕食者が近づくと、枝から飛びおり、なんと、水面を走ってにげます!

　前に出した足がしずむより先に、次の足を前に出すことをくりかえせば、水にしずむことなく水面を走れるはずですが、現実にできる生きものはまずいません。でも、このグリーンバシリスクにはそれができるのです。

　グリーンバシリスクが水面を走れるのは、まず、体重がとても軽いからです。そして、1秒間に約20回も後ろ足を高速回転させられるからです。後ろ足の長い指にはふさがついていて、指を広げて水面をたたくとしずみにくくなります。

これらのおかげで、グリーンバシリスクは、長い尾でバランスをとりながら、水面を数メートル走ることができるのです。おまけに、泳ぎも潜水もとくいです。

　グリーンバシリスクは、おもにクモや昆虫を食べますが、果実や葉なども食べます。体の色は、目立つグリーンですが、熱帯雨林ではカモフラージュになります。

　「バシリスク」という名前は、古代ギリシャ神話に登場する、見たものを石に変えてしまうドラゴンの名前からつけられました。また、イエス・キリストが水上を歩いた、と聖書に語られていることから、キリストトカゲともよばれます。

45

スーパーパワー
後ろ方向にも飛べる！

ハチドリ

ステータス

目：アマツバメ目　科：ハチドリ科（鳥類）
種の数：340種以上
体長：約5〜20センチメートル
体重：約2〜20グラム

トピックス

空中の1点にとどまるホバリングや、後方飛行ができる。

ハチドリは、1秒間に70回以上という、目にもとまらぬ速さで羽を動かすことができます！

ハチドリは、このスーパーパワーを使い、飛びながら空中に静止して、花の蜜を吸います。吸いおわってはなれるときや、花との角度を合わせたりするときには、後ろの方向へも飛べます。これは、捕食者の襲撃をかわすときにもとても役に立ちます。ハチドリは、超高速ではばたいて花の蜜を吸うために体がとても小さくなりました。世界一小さい鳥といわれるマメハチドリの体重はたったの2グラム、1円玉2枚分です。また、ハチドリの舌は、先が二股になっていてとても長く、花の奥深くにある蜜を吸えるようになっています。

ハチドリが蜜を吸っていると、花粉がくちばしや羽につき、次の花に移動して蜜を吸うときに、花粉がその花につきます。その花が同じ種なら、植物は受粉し種ができます。ハチドリは植物から蜜をもらい、植物は受粉を助けてもらい、おたがいに影響し合いながら「共進化」をしてきたのです。

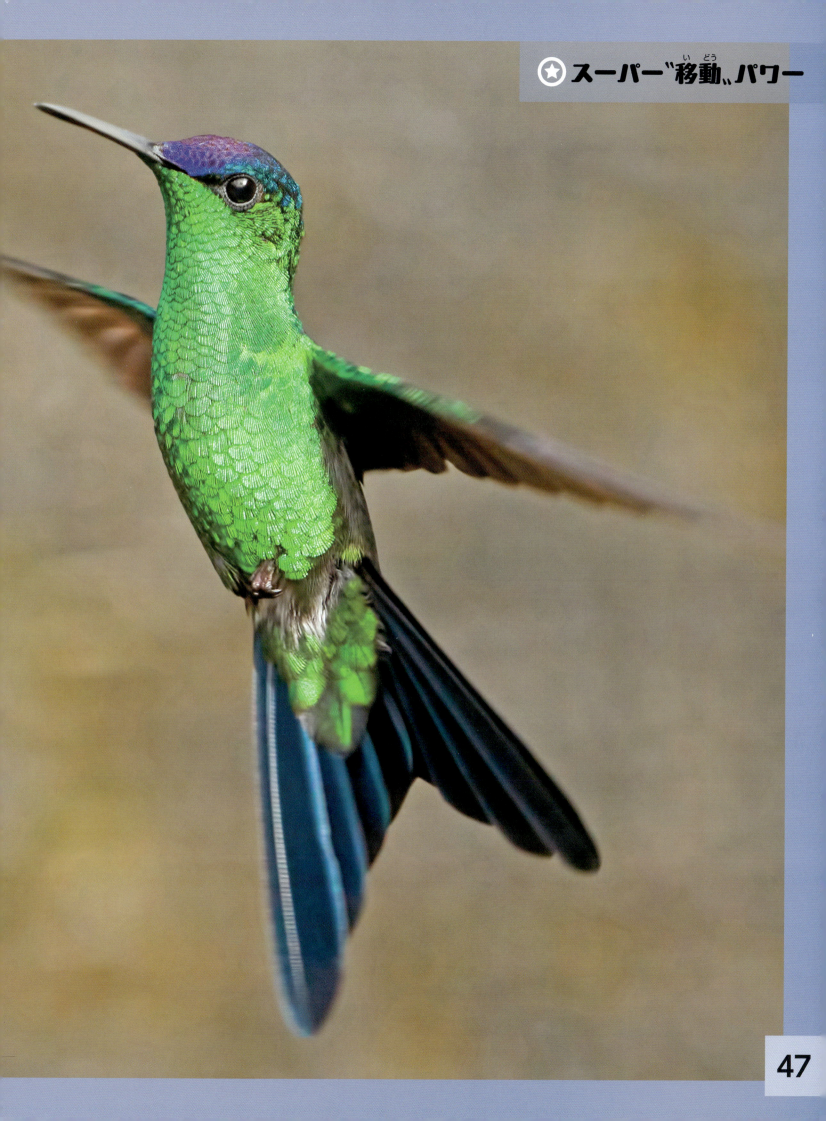

スーパー"移動"パワー

スーパーパワー 天井にはりつき、歩きまわる

ヤモリ

- **ステータス**
  科：ヤモリ科（は虫類）
  生息地：世界中の温暖な地域。人家にもすみつく
  寿命：約13〜20年

- **トピックス** 指の細かい毛で、ものの表面に吸いつく。

スーパー"移動"パワー

ヤモリのスーパーパワーは、重力に逆らって何にでもはりつけることです！

体重がわずか50グラムほどのヤモリが、壁や天井にはりつくと、たとえ2キログラムのおもりをぶらさげたとしても引きはがすことはできません。ヤモリが、天井や壁にはりつけるのは、吸盤やトゲなどをもっているからではありません。ヤモリの足の裏には特殊なしくみがあります。足の指には、非常に細かい毛が無数に生えていて、毛の先が、「スパチュラ」とよばれるヘラのような形になって枝分かれしているのです。その数は、なんと数十億本にもなります。物質を形づくっている分子と分子どうしには、引き合う力（「ファンデルワールス力」）がはたらいています。ヤモリは足の指の毛をとことん細かくしてふやすことで、この力を天井にはりついていられるくらい大きくしているのです。

さらにおどろきなのは、引きはなせないほど強力に吸着していても、細かな毛の角度を変えるだけで、次の瞬間には、かんたんにはりつくことをやめ、すばやく移動できることです。現在、ヤモリのこのスーパーパワーを人工的につくりだし、医療や製品などに応用するための研究がさかんにおこなわれています。

49

★スーパー"移動"パワー

50

ジェット推進で超加速

ツツイカ

目：ツツイカ目（頭足類）
体長：約0.6〜6メートル
生息地：ほぼ世界中の海

トピックス

ほかのイカにくらべて、細長い流線型をしている。

ツツイカのなかまは、体に吸いこんだ水を一気に噴射し、高速で移動することができます！ しかも、前進するだけでなく後進もでき、敵をかわすときなどにとても役に立ちます。

イカのなかまは、海中にすむ軟体動物で、体の中にかたい石灰質の甲をもつコウイカのなかまと、透明でうすくやわらかくなった甲をもつツツイカのなかまに大きくわけられます。ツツイカのなかまには、ヤリイカやスルメイカなどがいます。

イカのなかまは、タコのなかまやオウムガイのなかまと同じで、足が口のまわりを囲むようについていて、頭から生えているように見えるため、「頭足類」とよばれます。頭足類は体に漏斗をもっています。ツツイカは、細長い筒のような体に吸いこんだ水を、漏斗から勢いよくジェット噴射して、高速で移動します。漏斗の先の向きを変えれば、前後左右、いろいろな方向に進むことができます。ツツイカは、このジェット噴射で、マッコウクジラやイルカなどの捕食者からすばやくにげるだけでなく、黒いスミを噴射し煙幕をはってかくれるというワザももっています。

イカのなかまの大多数の種は数十センチメートルほどですが、数メートルになる巨大な種もいます。また、ダイオウイカやダイオウホウズキイカは、体長が12メートルを超えることもあり、世界最大級の無脊椎動物として知られています。

スーパー"適応"パワー

スーパー"適応"パワー

人間には生存不可能な環境でも、生きのびている生きものがいる。いったい、どうやって？　と、わたしたちはただおどろくしかない。答えは、環境に適応できたからだ。

生きものたちは、数え切れないほどの世代をつなぐ間に、それぞれの環境で生きのびる力が進化してきた。しかも、ありとあらゆる方法で。バクテリアは、人間が生きられない高温や低温の環境でも子孫を残せる。人間は光のとどかない場所では生きられないが、完全な暗闇の中でも生きられるものがいる。また、生きられない場所などないのでは？　と思うほど、環境からのダメージを受けない方法を身につけた生きものがいる。人間が猛スピードで環境を変えてしまわなければ、生きものは本来の生命力を発揮し、限界なく適応していくだろう。これから、ほかの生きものにはまねのできない進化をとげた、スーパー"適応"パワーをもつ生きものたちを見ていこう。

💪 スーパーパワー

毒のある生きものと共生

カクレクマノミ

💡 ステータス

学名：*Amphiprion ocellaris*
科：スズメダイ科（魚類）
体長：約6〜16センチメートル
寿命：約6〜10年
生息地：インド洋、紅海、西太平洋のサンゴ礁など

👍 トピックス

数匹の群れでくらし、いちばん大きなクマノミがメスになる。

オレンジ色に白いしまもようをしたカクレクマノミは、イソギンチャクと生涯いっしょにくらします。

カクレクマノミは、おとなになる前からイソギンチャクとくらしはじめます。イソギンチャクの無数の触手には毒と針のある特別な細胞（刺胞）がついていて、近よってきた魚などを毒針でさして麻痺させます。カクレクマノミは、なぜ平気なのでしょうか？　カクレクマノミはウロコが、イソギンチャクの粘液に近い成分の粘膜でおおわれていて、毒への耐性をもっているのです。また、この粘膜により、イソギンチャクはカクレクマノミをなかまだと思い、さすことがありません。

イソギンチャクにとって、カクレクマノミは大切な存在で、イソギンチャクを食べようとするエビや小魚を追い払い、寄生虫や食べかすの掃除もしてくれるのです。カクレクマノミも、イソギンチャクの中にいることで、捕食者から守ってもらっています。おたがいに助け合い、「共生」という関係をきずいて生きているのです。

53

💪 スーパーパワー
冬の南極で子育てする

コウテイペンギン

ステータス
学名：*Aptenodytes forsteri*
科：ペンギン科（鳥類）
体長：約110センチメートル
体重：約20〜40キログラム
生息地：南極大陸と周辺の島々

トピックス
集団で体をよせて、あたため合い、助け合う！

気温がマイナス50℃にもなる冬の南極で、コウテイペンギンは体温をおよそ38℃に保つことができます。

コウテイペンギンは、生きものがすむ場所では地球上でもっとも寒く厳しい南極で、体温を失わない能力をもっています。氷や冷たい水をはねかえし、寒風を通さないいちばん外側の羽毛から、保温にすぐれたいちばん内側の羽毛まで、4層にもなっている羽毛の下には、厚い脂肪の層があります。コウテイペンギンは、こうした冬の南極を生きられるスーパーパワーをもっていて、マイナス50℃にもなる環境で子育てができるのです。冬の南極で繁殖することができるのはコウテイペンギンだけです。

猛ふぶきのときなどは、円陣（ハドル）を組んで体をよせ合い、ヒナたちを真ん中に集めて寒さから守ります。氷の嵐にもっともさらされる円陣の外側は、みんなで交代しながら、寒さに耐えるのです。

★ スーパー適応パワー

★ スーパー"適応"パワー

56

スーパーパワー

尾も心臓も再生

アホロートル

ステータス

学名：*Ambystoma mexicanum*
科：トラフサンショウウオ科（両生類）
体長：約25センチメートル
生息地：メキシコの一部の地域の淡水

トピックス

おとなになっても、子どもの状態でいることができる。

トカゲは切れた尾を再生できますが、アホロートルは尾だけではなく、足も心臓も、途切れた神経なども再生できます！

アホロートルは、メキシコサラマンダー、または、メキシコサンショウウオともいい、「ウーパールーパー」という愛称でも知られています。アホロートルのスーパーパワーは、なんといっても再生能力。状況にもよりますが、足を失っても数日で再生します。この能力は再生医療や生物学などで注目され、ある研究チームは、1匹の体ともう1匹の頭をくっつけて、2匹から1匹のアホロートルをつくる実験に成功しました。

アホロートルは、どうしてこれほどの再生能力をもっているのでしょう？　たいていの両生類は、子ども（幼生）の間はエラで呼吸して水の中で成長し、やがて肺で呼吸して生殖機能をもつおとな（成体）に変態し、陸でくらします。アホロートルも、条件によっては変態しますが、水中でくらせるかぎり、高い再生能力をもつ幼生のまま（写真）でいることができます。さらに、幼生のままで生殖能力をもつことができ、体のどの部位でも再生するパワーをずっと発揮できるのです。

アホロートルは、メキシコの一部の洞窟や湖など、特殊な環境で進化してきたため、すんでいる場所が開発などでなくなったり、水が汚れたりすると、生きていくことができません。これほどのスーパーパワーをもっていても、いま、絶滅の危機に直面しています。

57

💪 スーパーパワー

超省エネ心拍数で冬眠

ナミハリネズミ

💡 ステータス

学名：*Erinaceus europaeus*
科：ハリネズミ科（ほ乳類）
体重：約800グラム

👍 トピックス

背中に針をたくさん生やし、危険がせまると体を丸め、グレープフルーツくらいの大きさの針ボールになる。

冬の気配を感じると、ナミハリネズミは体にたっぷりと脂肪をたくわえて、長期休暇に入ります！　冬眠です。

まず、木の根の間や木の洞、枯れ枝や落ち葉の中など、温度が安定している安全な場所を探します。そこに、落ち葉やコケなどのやわらかい材料を集め、暖かくて断熱性の高い巣をつくります。そうすれば、あとは丸くなって眠りにつくだけです。

ナミハリネズミは、10月から4月ごろまで冬眠します。冬眠の間、心臓が1分間に打つ回数は、通常の200～300回から10回未満になります。体温は、38℃から4℃まで下がります。エネルギーの消費もおどろくほどへります。冬眠をする生きものはいろいろいますが、これほどぎりぎりのところまで体の機能を抑えた冬眠は恒温動物（外界の温度変化と関係なく、つねに一定の体温を保つ動物）のほ乳類の中では最高レベルです。ナミハリネズミの冬眠は、スーパーパワーなのです。春になり気温が上がりはじめると、ナミハリネズミの体温や心拍数などはいつもどおりにもどります。

スーパーパワー 不死身伝説!?

クマムシ

ステータス 分類：緩歩動物
体長：約0.1〜1.5ミリメートル

トピックス ヒマラヤの山頂でも、深さ4000メートルの深海でも生きられる！

60

★スーパー"適応"パワー

クマムシは、ほかの生きものには生存不可能な状況に耐えられるスーパーパワーをもっています！

クマムシは、冷凍庫に30年もの間、入れられても復活できます。深海1万メートルの気圧よりもはるかに高い、7万5000気圧という超高圧でも短時間なら耐えられます。2007年の実験では、真空の宇宙でも生きのびて地球にもどってきました。

「クマムシ」というよび名は、1200種以上いる緩歩動物の総称です。クマムシの中で、傷ついたDNAを修復したり、乾燥に耐えたりする特別なタンパク質をいくつももっているものは、環境が悪化すると、ゆっくりとほぼ完全に脱水して「樽」のような形にちぢこまって、生命活動を停止させ仮死状態に入ります。この状態になることができれば、高温、低温、乾燥、真空、高圧など、ほとんど何にでも耐えられるのです。ただし、この驚異的なスーパーパワーが発揮されるのは、樽の状態になれたときだけです。

クマムシは、地球上のほぼすべての場所で見つかっています。体長が1ミリメートル程度なので、爪のある8本の足などは顕微鏡で見ないと観察できませんが、コケの中や湿った土や砂丘など、わたしたちのまわりのいたるところでくらしています。

61

★ スーパー"適応"パワー

💪 スーパーパワー　**水のない砂漠を長距離移動**

ヒトコブラクダ

💡 ステータス
学名：Camelus dromedarius
科：ラクダ科（ほ乳類）
体高（肩までの高さ）：約2メートル　体重：約500キログラム
生息地：西アジアを中心に家畜化され、野生種はいない

👍 トピックス　ラクダのなかまには、ヒトコブラクダとフタコブラクダがいる。

ヒトコブラクダは、水がなくても、砂漠を一日100キロメートル以上も移動することができます！

ラクダは、砂漠という乾燥した厳しい環境に、完全に適応しています。汗をかかないため、水分を体からほとんど出さないでくらせます。また、おしっこは超濃縮され、うんちは、ほぼ乾燥しています。

ラクダのなかまは、何十リットルもの水を一度に飲むことができます。なかには10分たらずで100リットル以上の水を飲むものもいます。背中の大きなコブには水ではなく、約30〜40キログラムもの脂肪がたくわえられています。脂肪は、食べものにとぼしい砂漠を移動するときなどのエネルギーとして使われ、何も食べなくても数か月間生きのびることができます。また、水分がたりなくなると、脂肪が分解されて水にもなります。

ヒトコブラクダのほかにも、いろいろな生きものが砂漠に適応して生きています。1巻で登場したサバクカンガルーネズミは、ラクダ以上に砂漠で何も飲まず、朝露と巣穴の湿気で生きのびることができます。ただし、ラクダのように砂漠の長距離移動はできません。

63

スーパーパワー
目玉が体の片側に移動

カレイ

ステータス
目：カレイ目（魚類）
生息地：浅瀬から水深1000メートルまでの海中

トピックス
海底でカモフラージュするために表側の体の色を変えられる。

魚はたいてい、頭の両側に左右対称に目がひとつずつありますが、カレイのなかまは、成長すると、目が左右どちらかに移動します！

生まれたばかりのころは、ほかの魚と同じように体は左右対称で、背びれを上に、尻びれを下にし、垂直の姿勢で泳ぎます。体もそれほど平たくありません。しかし、成長するにつれて、びっくりする変化が起きます。体が平たくなっていき、背びれと尻びれを水平にして横向きに寝そべってくらしはじめ、一方の目が、頭を越えて反対側によっていくのです。

カレイのなかまは、砂地の海底にはりつくようにしてくらしています。目が移動しているので、両目で、えものも捕食者も見つけられます。移動する目は、海底で生きるために進化して手に入れたスーパーパワーなのです。危険が近づくと、海底で身をよじって、砂をまきあげ、視界をさえぎります。そのすきに砂の中に姿をかくします。両目以外はほとんど見えなくなります。

64

スーパー"適応"パワー

65

★ スーパー"適応"パワー

スーパーパワー

凍ってもよみがえる

アメリカアカガエル

ステータス

学名：*Rana sylvatica*
科：アカガエル科（両生類）
体長：約5〜7センチメートル
生息地：アラスカをふくむアメリカ北部やカナダの森

トピックス

冬、気温がマイナスになって体が凍っても生きのびることができる。

ほかのカエルよりも寒い地域にすむアメリカアカガエルは、冬眠中に体が凍りついてしまいますが、春になって氷がとけるとまた元気に動きだします！

どうしてそんなことができるのでしょうか。冬が近づき気温が下がりはじめると、アメリカアカガエルの肝臓は、グルコースとよばれるブドウ糖をおどろくほど大量につくります。冬眠に入ると、グルコースが血液全体に行きわたります。気温がマイナスまで下がると体が凍り、心臓の音もしなくなります。けれども、グルコースの濃度が高くなった血液が、不凍液のような働きをするおかげで、体の中の水分まで完全に凍ることはなく、凍死寸前の状態で冬眠しつづけることができます。いってみれば、アメリカアカガエルは、自分で不凍液をつくりだし、凍結で細胞が破壊されるのをふせいでいるのです。

春が近づき、気温が上がってくると、凍らなかった水分が今度は解凍液の役割をはたします。体が少しずつとけ、心臓の動きも呼吸ももとにもどります。息をふきかえして、まずやるべきことは、エサを食べて体力を回復させることです。そして、次の世代を残すため繁殖活動をはじめるのです。

67

スーパーパワー
お尻でも呼吸できる

カクレガメ

ステータス
学名：*Elusor macrurus*
科：ヘビクビガメ科（は虫類）
生息地：オーストラリアのクイーンズランド州南東部のメアリー川

トピックス
甲羅や頭などにカラフルな藻を生やした姿から「パンクなカメ」として知られている。

は虫類のカメのなかまは肺呼吸です。水中にもぐると、1時間のうちに何度か水面に上がってきて空気を吸わなくてはいけません。けれども、カクレガメは、なんと72時間も水中にもぐりっぱなしでいられます！

カクレガメは、鼻から空気を吸うだけでなく、べつの呼吸方法をもっているのです。ほ乳類とはちがい、は虫類や両生類、鳥類などには、排泄と生殖の出口がひとつにまとまった、クロアカという総排出腔があります。カクレガメは、クロアカにある袋状の器官で水中の酸素を吸収できるのです。3日間も水にもぐりつづけていられるのは、ほかのカメにはないこのスーパーパワーのおかげです。

カクレガメは、オーストラリアのメアリー川にしかいない希少な種ですが、ユニークな姿から「パンクなカメ」として注目を集めるようになり、ペットとして人気が出てしまい、捕獲がつづきました。さらに、ダムの建設によってすむ場所がなくなってきたために、いま、深刻な絶滅の危機に直面しています。

スーパー"適応"パワー

★ スーパー"繁殖"パワー

スーパー"繁殖"パワー

生きものは、繁殖するためにあらゆる手をつくす。繁殖しなければ、種が存続することはないのだ。

多くの植物や一部の動物は、「単性生殖」といって、親の遺伝子をぜんぶそのままコピーして次の世代を残す。一方で、「有性生殖」で繁殖する生きものも多い。有性生殖では、メスとオスの遺伝子を半分ずつ受けつぐため、遺伝子の組み合わせが個々にちがう子どもが生まれてくる。その中に、いままでにない適応をしたり、環境が変わっても適応するものがいれば、種が存続する可能性が高まる。

けれども、有性生殖をするには、メスとオスが出あい、つがいにならなければならない。自分の子孫を残そうと、メスをめぐって、ほかのオスとはげしく争うものは、体の一部が戦うための武器へと発達した。メスの気をひくために、オスがあざやかな色で飾った舞台まで準備して、歌や踊りで愛をアピールするものもいる。では、生きものたちのスーパー"繁殖"パワーを見ていこう。

 スーパーパワー

ほかの鳥の巣に卵を産む

カッコウ

 ステータス

学名：*Cuculus canorus*
科：カッコウ科（鳥類）
翼開長（羽を広げた長さ）：約55〜65センチメートル
生息地：ユーラシア大陸、アフリカなど

 トピックス

多くの国で、耳に残る鳴き声にちなんだ名前がつけられている。

カッコウのヒナは、ほかの鳥の巣で育ちます。

カッコウは、すでに卵が産んである整った巣を見つけては、親鳥が巣からはなれたすきに、巣の卵をひとつ落として自分の卵をひとつ産んでいきます。卵を産むのは、オオヨシキリ、オナガ、モズなどの巣です。これを「托卵」といいます。

カッコウは、そのうちのどれかの鳥とそっくりな卵を産む能力を身につけています。また、自分が産む卵と同じような卵がある巣を見つけることもできます。

托卵された巣の中で、いちばん先にかえるのはカッコウの卵です。ヒナは、かえるとすぐまだ目も開かないうちに、ほかの卵をできるかぎり巣から押しだします。親鳥によその子だとバレなければ、エサをひとりじめできるのです。ヒナは、あっという間に大きくなり、越冬地へと飛び立ちます。また春になり、帰ってくると、教えられてもいないのに、同じようにほかの鳥の巣に卵を産みます。

カッコウと卵を産みつけられる鳥の関係は、「共生」ではありません。繁殖をかけた競争です。

71

 **アートで愛を伝える**

アオアズマヤドリ

- **ステータス**
  学名：*Ptilonorhynchus violaceus*
  目：スズメ目　科：ニワシドリ科（鳥類）
  体長：約25〜32センチメートル　体重：約200グラム
  生息地：オーストラリア東部の沿岸部の森や林

- **トピックス**　プロポーズの決め手は、装飾と演出だ。

★ スーパー"繁殖"パワー

アオアズマヤドリの、「あずまや」とは庭や広場に建てる小屋のことで、この鳥のオスは、求愛のためにあずまやをつくり、さらにそこまでの花道を青いもので飾り立てるのです!

繁殖の季節、長い小枝や草をたくさん集めて、手のこんだトンネルのようなあずまやをつくります。それだけではなく、青い羽、青い花びら、青いプラスチックなど、青いもので入口の前を念入りに飾り立てます。

メスが近づいてくると、装飾品をくわえて気どってみせたり、特別なダンスを踊ったりしてアピールします。メスがさらに近よってくると、オスはあずまやの中へと誘います。トンネルのようなあずまやには、じつはしかけがあります。メスの位置から見ると、オスが実際より大きくりっぱに見えるようになっているのです。

メスが卵を産み育てるのは、このあずまやではありません。近くにべつに巣をつくって育てます。青い装飾品もあずまやも、求愛のためだけの芸術的な演出なのです。

アオアズマヤドリは、子どものころはメスもオスも同じような体の色をしているのに、繁殖年齢になると、オスとメスは体がまったくちがう色になります。

# スーパーパワー
求愛イルミネーション

ホタル

 ステータス

科：ホタル科（昆虫）
体長：最大約2.5センチメートル
平均寿命：約2か月（成虫は2週間程度）
生息地：世界の温帯、熱帯の、水辺や湿り気のある場所

 トピックス

すべての種が発光するわけではないが、ホタルのなかまは、世界で2000種以上いる。

ホタルのなかまには、腹部の後ろのほう（お尻）に発光器官があって、光を放つことのできるものがいます！

光を生みだすこと以上のスーパーパワーは思いつくのもむずかしいでしょう。ホタルが放つ光は特殊な化学反応による光なので、熱くはありません。

なぜ光るのか、その理由については、説がいろいろとあります。光るホタルのほとんどは夜行性で、暗い夜になかまとコミュニケーションをとったり、繁殖のパートナーに向けて美しい光のサインをおくり合い、求愛していると考えられています。

発光するホタルの中には、ゲンジボタルのように卵のときから光るものや、成虫になって光るもの、幼虫のときだけ光るものなどがいます。空を飛ばず、地面や草むら、落ち葉の上で光を発して、オスをひきつけるメスの成虫もいます。

いま、世界中でホタルは減少しています。ホタルはきれいな水があるところにしかすめません。人間が農薬を使うようになり、開発や都市化が進んで夜でも明るくなったことなどにより、ホタルがすめる環境が世界中で激減しているのです。

スーパーパワー 安心な場所に帰り子孫を残す

サケ

ステータス
科：サケ科（魚類）
体長：最大約150センチメートル　体重：約25キログラム
生息地：北半球

トピックス
サケは一生のうちに、体の色やもよう、すむ場所も大きく変わる。

★ スーパー"繁殖"パワー

サケのスーパーパワーは、嗅覚です。生まれた川のわずかなにおい成分を、広大な海の中からかぎとることができます！　この嗅覚は何に使われるのでしょう。

サケは、川の上流で卵からかえり、稚魚は川の上流で成長していきます。体には、カモフラージュになるたてじまもようがあります。稚魚からスモルトとよばれる若魚に成長すると、川を下っていきます。淡水でのくらしから、今度は海水でくらせるよう、体のつくりや機能が変わり、体からはたてじまが消えます。スモルトは海に出て、群れをつくり、何年もの間、何千キロも回遊してくらします。そして、繁殖ができるようになると、自分が生まれた川へと、スーパーパワーの嗅覚をたよりに旅に出ます。サケは、生まれた川に帰るために、視覚や地球の磁場を感知するスーパーパワーも発揮します。

スモルトの間はエサが豊富な海でくらし、自分が生まれた安心な場所に帰って繁殖する。これがサケの一生です。生まれた場所に帰る旅をはじめたサケは、エサを食べることもせず、ひたすら生まれた川を上流へと泳ぎのぼっていきます。写真のサケはベニザケですが、サケはみな、川をのぼりはじめると、体の色が赤く変わり、繁殖の相手にアピールします。すべての種類ではありませんが、サケは産卵を終えるとその一生を終えます。

77

スーパーパワー

求愛のチャンスは力で勝ちとる

ヨーロッパミヤマクワガタ

ステータス

学名：*Lucanus cervus*
科：クワガタムシ科（昆虫）
体長：最大約10センチメートル
生息地：ヨーロッパ

トピックス

ヨーロッパで最大のクワガタムシどうしの戦いは、昆虫界でも非常にはげしい。

ヨーロッパミヤマクワガタのオスは、あごの力が体重の200倍です。人間の男性が車を10台も引ける力です！

クワガタムシは、巨大なあごがシカの角のように見えることから、英語でスタッグビートル（シカのような甲虫）とよばれています。日本でも、戦国武将のかぶとにつけられる、「鍬形」というシカの角をかたどった飾りにちなんで、クワガタムシと名づけられました。成虫になり樹液を食べて生きるクワガタムシは、エサ場やなわばりを争ったり、繁殖相手のメスをめぐりオスどうしが直接戦うとき、この巨大なあごを武器として使います。メスをめぐる戦いでは、勝ったものがメスにプロポーズできるため、相手をはさんでもち上げたり、大あごをぶつけ合ったりするはげしいものになります。ただし、戦いに勝ってプロポーズしても、メスに求愛を拒絶されることもあります。

★ スーパー"栄養摂取"パワー

スーパー"栄養摂取"パワー

生きものが活動するには、エネルギー源や新しい細胞のもとになるものが必要だ。生きつづけるためには、栄養を摂取しなければならないのだ。

植物はほぼすべて、空気中の炭素、水、地面の鉱物、太陽の光から、栄養を自分で生みだすことができるように進化した。しかし、動物は、植物と同じ方法で、栄養をとることはできない。必要な栄養は、植物を食べるか、ほかの動物をつかまえて食べることで、摂取する。

ほかの動物をつかまえて食べる生きものにとって、生きつづけられるかどうかは、どれだけたくさんの栄養を得られるかにかかっている。水鉄砲でえものをうち落とすもの、かこみ漁をするもの、道具を使ってエサを食べるものなど、生きものたちのおどろくべきスーパー"栄養摂取"パワーを見ていこう。

80

スーパーパワー

超速くちばしハンマー

キツツキ

ステータス

科：キツツキ科（鳥類）
生息地：オーストラリアやマダガスカル、寒冷な地域をのぞく世界各地の森林

トピックス

くちばしは、木をどれほどはげしくつついてもこわれないように進化している。

写真はクマゲラというキツツキのなかまです。キツツキのなかまのスーパーパワーは、「くちばしハンマー」。くちばしと頭を超高速打撃させ、木に穴をあけられることです。

キツツキの足は、前と後ろに2本ずつ指があり、アルファベットの「X」のような形をしていて、がんじょうなかぎ爪がついています。この特殊な足と太い尾羽で体を木にしっかりと固定し、くちばしハンマーを使って、木の幹に巣穴をほったり、幹の中にいる幼虫などをつかまえたりします。キツツキの舌はおどろくほど長く、舌の先にはトゲのようなものがあり、おまけに粘着液がついているみたいにネバネバなので、幹の奥へにげこもうとする幼虫ものがしません。

くちばしハンマーは、ほかにもいろいろなことに使います。オスは、「トルルルルル」と、木の幹を途切れなくたたいて、メスにラブソングをおくります。これをキツツキのドラミングといい、なわばりを主張するときや、なかまとコミュニケーションをとるときにも使います。キツツキのくちばしは、木をつつくとすりへりますが、わたしたちの爪と同じように、ずっとのびつづけるのです。

81

★スーパー"栄養摂取"パワー

イナズマ水中ダイブ

カワセミ

ステータス

学名：*Alcedo atthis*
科：カワセミ科（鳥類）
体長：約16〜20センチメートル
生息地：ヨーロッパ、アジア、北アフリカの水辺

トピックス

カワセミは、英語でキングフィッシャー（魚とりの王）とよばれ、中国では、宝石の名前（翡翠）になっている。

青緑色にかがやいて見えるカワセミは、目にもとまらぬスピードで水中に飛びこみ、水面近くにきたえものをつかまえることができます！

カワセミは、まわりに巣穴をほれる湖や池、流れがゆるいきれいな川などで、魚や水生の小さな生きものを食べてくらしています。カワセミの目は、なみはずれた視覚能力をもつようになり、空中とは光の屈折がちがう水中にいるえものの位置を正確にとらえることができます。

水に飛びこむ前に少しの間ホバリングして、えものにねらいをさだめることもあります。水面近くの枝などにとまり、鋭い目でえものを探します。ねらいをさだめたら、イナズマダイブ！ 電光石火の早ワザで水に飛びこみます。強い衝撃から目を守るため、瞬膜という半透明の膜で保護します。くちばしは、抵抗力の大きい水の中に入るときでもスピードが落ちない形をしています。そのすごさは、新幹線の設計の参考にされたほどです。狩りは、百分の一秒の差で成功か不成功かが決まりますが、カワセミが失敗することはまずありません。

つかまえたえものは、枝や岩の上に運び、たたきつけて動かなくしてから、魚ならたいてい頭から丸のみします。繁殖期になるとカワセミは、オスがメスに魚をプレゼントして求愛します。

83

スーパーパワー

集団で「漁」をする

ペリカン

ステータス

科：ペリカン科　属：ペリカン属（鳥類）
体長：最大で約180センチメートル
体重：最大で約13キログラム
翼開長（羽を広げた長さ）：最大で約3.5メートル
生息地：南極をのぞくすべての大陸の海岸や河岸、湖沼など

トピックス

くちばしの長さが50センチメートルもあるものもいる！

大型の水鳥であるペリカンは、ほとんどの種が大きな群れをつくり、おもに魚を食べてくらしています。モモイロペリカンやアメリカシロペリカンなどのように、5〜20羽ほどの集団で協力してエサをつかまえるペリカンもいます。

ペリカンたちは、隊列を組んで浅瀬に向かって泳ぎながら、ときおり、いっせいにくちばしを水中につっこみ、お尻を空中につきだします。まるでダンスを踊っているようですが、水面近くにいる魚を、集団で浅瀬に追い立てているのです。魚がにげ場のないところまできたら、巨大なくちばしを広げ、おどろくほどのびる巨大な「のど袋」を使って水ごと魚をすくいとります。ペリカンのくちばしとのど袋は、魚をとじこめたまま、水だけをはきだすことができるのです。こうすることで、単独で魚をとるよりもずっとたくさんの魚をとることができます。そして、つかまえた魚は丸ごとのみこんで消化してしまいます。

ペリカンは、水かきのついた大きな足で水をかき、すべるように水面を泳ぐことができます。飛ぶこともとくいで、空から水面におりるときには翼を広げて、大きな足を使って着水します。

★スーパー"栄養摂取"パワー

85

★スーパー"栄養摂取"パワー

86

スーパーパワー

一発必中の水鉄砲！

テッポウウオ

ステータス

学名：*Toxotes jaculatrix*
科：テッポウウオ科（魚類）
体長：最大で約30センチメートル
生息地：東南アジア、インド、オーストラリアの熱帯など。日本でも沖縄県の西表島で発見された

トピックス

水中から、光の屈折を計算して、水上の葉などにいるえものに水鉄砲を命中させる。

テッポウウオは、おもにマングローブ林の淡水と海水がまじる水中（汽水域）でくらす魚ですが、水面より上にいる虫などもエサにします！

テッポウウオは、水の上にのびた枝や葉の上にいる虫を水中から見つけ、ねらいをさだめることができる、すぐれた目をもっています。水中から陸上にいる虫を見ると、光の屈折により、実際に虫がいる位置とは、ずれて見えます。テッポウウオはそのずれを計算して、虫のいる方向や水面からの高さも立体的に正確にとらえることができます。また、水上のえものを見つけやすいよう、目が上向きについています。

テッポウウオは、どうやって水上のえものをエサにするのでしょうか。テッポウウオの口がい（口の中の上あごの部分）には溝があり、舌を押しあてると銃身のような細い管ができるしくみになっているのです。口の中の筋肉も、水を一気に噴射できるように発達しています。水上にえものを見つけると、口の中に水をためこんで、エラぶたを閉じ、1.5メートルも飛ぶ水の弾丸を発射してうち落とすのです。

テッポウウオは、生まれたときからこのスーパーパワーをもっていますが、命中させられるようになるには、経験が必要です。

87

スーパーパワー
肉より骨！

ヒゲワシ

ステータス

学名：*Gypaetus barbatus*
科：タカ科（鳥類）
翼開長（羽を広げた長さ）：約2.7メートル
体重：約5〜7キログラム
生息地：中央アジアや中東、ヨーロッパ、アフリカの山岳地帯

トピックス

口に入る大きさの骨なら丸のみにする。

ヒゲワシは、腐肉食性（死んだ動物の死骸を食べる）です。しかし、食べるのは、肉ではなく、骨と骨髄です。ヒゲワシの胃酸は骨をとかしてしまうほど強力です。

ヒゲワシは、標高の高い山岳地帯に単独でくらしています。巨大な翼と、ひし形のめずらしい尾をしているので、すぐにヒゲワシとわかります。あごやくちばしの両側にヒゲのような黒い毛が生えていることから、ヒゲワシという名前がつきました。

山のどこかで生きものが死ぬと、ハゲワシのなかまなどが集まってきて、肉など骨以外の消化しやすい部分を食べます。あとに残った骨と骨髄を食べるのが、ヒゲワシです。えものを骨ごと食べる動物は少なくありませんが、肉ではなく骨と骨髄を主食にする生きものはヒゲワシのほかにほとんどいません。ヒゲワシは骨をのみこみ、胃で消化することができますが、のみこめないほど大きな骨は、足でつかんで空に舞い上がり、岩の上に落として割り、くだいて食べます。

ヒゲワシやほかの腐肉食性のものたちは、死んだ動物のあとしまつを引き受ける特別な存在です。

💪 スーパーパワー かわいい道具使い

ラッコ

- 💡 **ステータス**
  学名：*Enhydra lutris*
  科：イタチ科（ほ乳類）　体重：約30キログラム
  生息地：北太平洋の北部沿岸のケルプ（大型の藻類）が生える海域

- 👍 **トピックス**
  波に流されないように、ケルプを巻きつけて、なかまと手をつないで眠る。

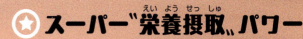

スーパー"栄養摂取"パワー

道具を使う生きものとしては、チンパンジーやイルカ、ゾウなどが知られていますが、ラッコも道具を使うというスーパーパワーをもっています。

ラッコは、イタチのなかまですが、食事をするときも寝るときもほとんど海に浮かんで生活しています。食べるのは、貝やウニ、カニなどです。ひれのある後ろ足と尾を使って海底までもぐり、器用な前足でムール貝やアワビを岩からはがしたり、ウニをつかまえたりします。ラッコは前足のつけ根にポケットのようになった皮膚があり、石などをしまっておけます。海面にもどると、あお向けになり、ポケットから石をとりだしお腹にのせ、貝やウニを石に何度もたたきつけて、かたいからを割ります。こうすれば歯で割って食べられなかったものも、食べることができます。

ラッコは、寒い海でくらすほ乳類ですが、アザラシなどとちがって、ぶあつい脂肪層がありません。そのかわりに、保温力と防水性が特別に発達した毛皮をまとっています。なんと、たった1センチメートルの四角の中に人間ひとり分の髪の毛ぜんぶよりも多い毛が生えています！毛の間の空気の量が非常に多く、皮膚からは油分が出ていて、完全防水になっているのです。ラッコが海に浮いていられるのも、寒さをしのげるのも、この毛皮のおかげです。しかし、毛皮取引や環境汚染などにより、絶滅の危機に直面しています。

91

スーパーパワー

光る疑似餌でつり

フタツザオチョウチンアンコウ

 ステータス

学名：*Diceratias pileatus*
目：チョウチンアンコウ亜目
科：フタツザオチョウチンアンコウ科（魚類）
体長：オス　約3センチメートル
　　　メス　約25センチメートル
生息地：大西洋、インド洋の深海

トピックス

光のとどかない深海でくらしている。

フタツザオチョウチンアンコウは、真っ暗な深海に自分で光をともしてえものをおびきよせます！

深海は、生きもの自体が少ないため、エサを見つけるのは大変です。チョウチンアンコウのメスの口の上には、つりざおのようにつきでている突起物があり、先端はちょうちんのようにゆらゆらと光っています。これを疑似餌（ニセのエサ）にしてつりをします。真っ暗な海の中、光に誘われたえものが近よってきたところを、巨大な口で一瞬にして食べるのです。

チョウチンアンコウのなかまには、メスにくらべるとオスがおどろくほど小さい種が多くいます。オスは、繁殖のためにメスにかみつき、はなれないようにするのです。なかには、一度かみつくと、そのままメスの体に融合して繁殖だけに生きるものもいます。深海はエサにも繁殖の相手にも出あうことがむずかしい環境ですが、生きものは栄養を摂取して次の世代を残すために、おどろくべき進化をしつづけているのです。

★スーパー"栄養摂取"パワー

93

生きものさくいん

アオアズマヤドリ	72,73
アザラシ	91
アホロートル	57
アマガエル	24
アマツバメ	42
アメリカアカガエル	67
アメリカシロペリカン	84
アメリカモモンガ	36
アリ	28,30
アワビ	91
イカ	13,51
イソギンチャク	53
イタチ	91
イチゴヤドクガエル	30,31
イヌワシ	17
イラクサ	27
イルカ	51,91
ウーパールーパー	57
ウグイス	27
ウナギ	5
ウニ	91
エビ	53
オウムガイ	13,51
オオカバマダラ	31
オオヨシキリ	71
オコジョ(アーミン)	17
オナガ	71
ガ	27,33
カエル	7,31,67
カクレガメ	68
カクレクマノミ	53
ガゼル	39
カッコウ	71
カニ	91
カマキリ	23
カメ	68
カメレオン	20
カモ	9
カモノハシ	8,9
カレイ	64
カワセミ	83
キクガシラコウモリ	14,15
寄生虫	53
キツツキ	81
キリストトカゲ	44,45
キングフィッシャー	83
クジャク	27
クジャクチョウ	27
クジャクヤママユ	27
クマゲラ	81
クマノミ	53
クマムシ	60,61
クモ	7,10,23,45
クラゲ	13
グリーンバシリスク	44,45
グレープフルーツ	59
クワガタムシ	78
ケルプ	90
ゲンジボタル	75
コウイカ	51
コウテイペンギン	54
コウモリ	4,15
コケ	59,61
コノハムシ	19
コマドリ	27
サケ	76,77
サバクカンガルーネズミ	63
サンゴヘビ	23
シカ	78
シロアリ	28
スズメバチ	23
スタッグビートル	78
スプリングボック	39
スルメイカ	51
セイヨウシビレエイ	5
センザンコウ	28
ゾウ	91
ダイオウイカ	51
ダイオウホウズキイカ	51
タカ	24
タコ	13,51
ダニ	30
チーター	38,39
チョウ	18,27,31
チョウチンアンコウ	92
チンパンジー	91
ツツイカ	51
ツバメ	42
テッポウウオ	87
デンキウナギ	5
電気魚	5
トカゲ	9,57
トンボ	10
ナナフシ	19
ナマケモノ	41
ナミハリネズミ	59
ヌー	39
ネズミ	17,36
ハエ	10,23
ハエトリグモ	10
バクテリア	52
ハゲワシ	88
バシリスク	45
ハチ	23
ハチドリ	46
ハト	35
ハナアブ	23
ハヤブサ	24,35
ビーバー	9
ヒゲワシ	88
ヒトコブラクダ	62,63
フクロウ	45
フタツザオチョウチンアンコウ	92
ベニテングタケ	31
ヘビ	4,28,45
ペリカン	84
ホシムクドリ	24
ホタル	75
ポプラ	32,33
マダコ	13
マッコウクジラ	51
マメハチドリ	46
マングローブ	87
ムール貝	91
ムクドリ	24,35
メガネザル	7
メキシコサラマンダー	57
メキシコサンショウウオ	57
モクメシャチホコ	33
モクメシャチホコの幼虫	32,33
モグラ	9
モズ	71
モモイロペリカン	84
モモンガ	36
ヤナギ	32,33
ヤモリ	48,49
ヤリイカ	51
ヨーロッパアマツバメ	42
ヨーロッパミヤマクワガタ	78
ラクダ	62,63
ラッコ	90,91
リス	36
ワシミミズク	17

訳者あとがき

　この本を手にとり、はじめて出あった生きものはもちろんのこと、実際に見たことがあったり、習ったことのある生きものなど、それぞれのスーパーパワーをあらためて見つめていくと、ほんとうにおどろきの連続ですね。みなさんがいちばんびっくりしたのは、どの生きものでしょう？

　スーパーパワーとは環境に適応した進化の結果ですから、ここに登場する生きものたち以外の生きものもみんなスーパーパワーをもっています。翻訳をしているうちに、朝の窓辺にくるスズメを見れば、スズメのスーパーパワーはなんだろう。警戒することなくヒトのすぐそばでくらせることかな、と考えたり、壁にとまった小さな虫に気づくと、なんという名前で、どんなスーパーパワーをもっているのだろう、とインターネットや図鑑で調べたりするようになりました。この本をまねて、身近な生きもののスーパーパワーの本をみなさん自身でつくってみたら、まちがいなく、とてもたくさんの発見があると思います。

　さて、では、わたしたちヒトのスーパーパワーとはなんでしょうか。わたしは、実際にヒゲワシと出あったことがありません。この本の中でヒゲワシのことを知りました。もし実際に飛んでいるところを見ていたとしても、ヒゲワシのスーパーパワーまでは、知ることも想像することもなかったかもしれません。けれども、いまわたしは、出あったことのないヒゲワシがスーパーパワー全開でこの地球でくらしていることを知っています。地球でくらす生きものたちのスーパーパワーを研究し、こうして本などにまとめる能力、それを伝え学ぶ能力、つまり、ひとりひとりが遺伝子で受けつぐ能力以上の知識や技術を学び伝えていく力が、ヒトのスーパーパワーのひとつだろうと思います。

　毒のある食べものを食べられるように調理する知恵や技術を年長者から学べば、毒におかされる経験をせずに食べものを得られるようになります。それを次の世代、その次の世代へと伝えていければ、知恵が蓄積し磨かれ、やがて食べものを見つけるだけではなく、作物を協力して育てる技術となり、集団全体が生きのびやすくなっていくでしょう。そうした集団が生きのびれば、ヒトの遺伝子も学び考える能力がより発達するように変化していくでしょう。現にわたしたちは、赤ん坊のときから、まわりの人間のしていることをまねるという能力がそなわっています。いまや、わたしたちヒトがヒトのためだけにスーパーパワーを使えば、ほかの生きものが長い長い時間をかけて適応してきた環境をあっという間に変えてしまい、生きものたちを絶滅の危機に直面させる結果になります。わたしたちヒトは、熱帯雨林をつくることも、絶滅した生きものをよみがえらせることもできないというのに、です。

　けれども、そうした失敗から学んでいけることもわたしたちのスーパーパワーです。この本を楽しんだみなさんが、みなさん自身の個性とスーパーパワーを地球のすべての生きものたちのために発動し、全開にすることができたら、とてもうれしいです。

大西　昧

ジョルジュ・フェテルマン
(Georges Feterman)

自然科学の准教授。フランスの貴重な樹木の研究と保全・保護を目的とした非営利団体「A.R.B.R.E.S.協会」会長。20年以上にわたって、樹齢、大きさ、歴史的な意義、生態系の中での役割、希少性などの観点から、フランスの数多くの樹木をカタログ化し、『Les plus vieux arbres de France』『Les 500 plus beaux arbres de France』(いずれも未邦訳)など自然に関する書籍を多く執筆。自然遺産に対する保全を促進する活動に取り組んでいる。

大西 昧（おおにし まい）

1963年、愛媛県生まれ。東京外国語大学卒業。出版社で長年児童書の編集に携わった後、翻訳家に。主な訳書に、『ぼくはO・C・ダニエル』『おったまげクイズ500』『おったまげコンテスト36』『シン・動物ガチンコ対決（全5巻）』(いずれも鈴木出版)などがある。

PICTURE CREDITS

Adobe Stock/Fotolia: 16/17 Frank Fichtmüller. **Biosphoto:** Front cover: © Adam Fletcher; Back cover:(centre) Kim Taylor; 4/5 © Juniors / Biosphoto; 8/9 © Dave Watts / Biosphoto; 10/11 © Adam Fletcher; 12/13 © Juniors; 18/19 © Nicolas-Alain Petit; 24/25 © Dickie Duckett / FLPA; 30/31 © Mitsuhiko Imamori / Minden Pictures; 32/33 © Thomas Marent / Minden Pictures; 34/35 © Jim Zipp / Ardea; 36/37 © Kim Taylor / Photoshot; 38/39 © J.-M.Labat & F. Rouquette; 40/41 Suzi Eszterhas; 50/51 © Tobias Bernhard Raff; 54/55 © Frederique Olivier / Hedgehog House / Minden Pictures; 56/57 © Matthijs Kuijpers; 60/61 Power and Syred / SPL - Science Photo Library; 64/65 © Christian-Georges Quillivic; 72/73 © Gerhard Koertner / Photoshot; 76/77 © Yva Momatiuk and John Eastcott / Minden Pictures; 82/83 © Michel Poinsignon; 88/89 © John Cancalosi; 90/91 © Norbert Wu / Minden Pictures. **M.Fernandez:** 22/23 © M.Fernandez. **Getty /** 13Y 5A 3: 68/69 ©AFP-Chris Van Wyk. **Hemis.fr:** 6/7 Per-Andre HOFFMANN; 14/15 imageBROKER; 28/29 Animals Animals; 42/43 steve young / Alamy Stock Photo; 44/45 Animals Animals; 62/63 MOIRENC Camille; 74/75 Alamy; 78/79 Minden; 86/87 A & J Visage / Alamy Stock Photo; 92/93 Doug Perrine / Alamy Stock Photo. **Shutterstock:** Back cover: (top) JP74; (bottom left) Ugo Burlini; (bottom right) Dirk Ercken; 1 Coatesy; 2/3 Albert Beukhof; 20/21 Gerckens-Photo-Hamburg; 26/27 Ciocan Daniel; 46/47 Davydele; 48/49 RealityImages; 52/53 JP74; 58/59 Coatesy; 66/67 Jay Ondreicka; 70/71 ©Alexander Erdbeer; 80/81 Michal Masik; 84/85 Nico Calandra; 94/95 duangnapa_b; 96 Naoto Shinkai.

アフロ：ホシムクドリ 24

スーパーパワーを手に入れた生きものたち
②スーパーパワー全開！

2025年 1月28日　初版第1刷発行

文／ジョルジュ・フェテルマン
訳／大西　昧
発行者／西村保彦
発行所／鈴木出版株式会社
〒101-0051 東京都千代田区神田神保町2-3-1 岩波書店アネックスビル5F
電話／03-6272-8001 FAX／03-6272-8016 振替／00110-0-34090
ホームページ https://suzuki-syuppan.com/
印刷所／株式会社ウイル・コーポレーション
ブックデザイン／宮下　豊

Japanese text ©Mai Oonishi, 2025　Printed in Japan
ISBN978-4-7902-3438-8 C8045 NDC460／95P／30.3×23.6cm
乱丁・落丁本は送料小社負担でお取り替えいたします。

Original title: Superpowers of Nature by Georges Feterman
© 2022 Quarto Publishing plc
First published in 2022 by QED,
an imprint of The Quarto Group.
All rights reserved.
Japanese translation rights arranged with Quarto Publishing Plc, London
through Tuttle-Mori Agency, Inc., Tokyo